I0473508